DEUX LETTRES

SUR LA

PAR

AUBERY (D'ORANGE).

VIENNE.

IMPRIMERIE ET LITHOGRAPHIE DE ROURE.

1853.

DEUX LETTRES

SUR LA

GÉOLOGIE

PAR

AUBERY (D'ORANGE)

VIENNE.

IMPRIMERIE ET LITHOGRAPHIE DE ROURE.

1853

A M. ANDRÉ CHAVE,

CONDUCTEUR DES PONTS-ET-CHAUSSÉES

A Bourg-St-Andéol.

Vous m'aviez demandé dans le temps quelques notions géologiques pour votre usage personnel; je vous les fais transcrire par mon jeune neveu, qui est aussi le vôtre, afin de suppléer par l'affection que vous portez au copiste à la médiocrité scientifique du rédacteur.

AUBERY.

LETTRE I.

—

Orange, septembre 1852.

La connaissance des roches est une des plus essentielles en matière de ponts-et-chaussées, puisque leur emploi en est journalier dans cette administration. Pour en abréger l'étude et la débarrasser de tout ce qui n'est pas du ressort de votre métier, nous laisserons de côté leur caractère minéralogique ou géologique, dont les détails nous mèneraient trop loin, pour ne parler que de leur mode de formation et de l'aspect sous lequel elles se présentent dans la nature.

Formation. — Elle est plutonienne ou neptunienne, c'est-à-dire qu'elles ont été formées par l'action du feu, comme toutes les roches primitives, granitiques, porphyriques et volcaniques, ou bien qu'elles sont le résultat d'un dépôt formé au fond des mers, au sein des lacs, ou d'une sédimentation aqueuse, comme tous nos calcaires, nos travertins, grès, poudings, macignos ou mollasses.

Aspect. — Les roches dont l'origine est plutonienne se reconnaissent non-seulement aux éléments minéralogiques qui les composent, mais encore à leur forme massive, à leur texture compacte, sans traces de stratification, sans aucun débris organisé; à leur cohésion, à leur dureté, à leur structure. Les roches neptuniennes, au contraire, qui sont le résultat de l'action aqueuse, se reconnaissent à leur constitution toujours stratifiée, c'est-à-dire disposée en bancs superposés, plus ou moins épais : ainsi se présentent tous nos calcaires, toutes nos mollasses, nos grès sablonneux et nos roches charbonneuses.

Indépendamment des roches de formation ignée, proprement dite, et des roches sédimentaires qui sont formées par l'eau, il est une autre nature de roches qu'en géologie on appelle métamorphiques ou épigéniques : ce sont celles qui, formées primitivement par l'action de l'eau, ont été remaniées et dénaturées par celle du calorique ou par le passage, au milieu des éléments qui les composent, d'une émanation gazeuse, sulfureuse ou magnésienne, qui en a changé l'aspect et la manière d'être; nous en parlerons en temps et lieu.

Pour pouvoir faire un emploi judicieux des

roches comme matériaux de construction, il est essentiel d'en connaître la composition chimique, et, pour se faire une idée exacte, autant que possible, de cette composition, il est indispensable de prendre quelques notions sur les premiers éléments de la géologie, qui est la science de l'histoire de la terre.

Cette science, essentiellement basée sur des observations exactes et sur des faits bien constatés, est aujourd'hui entièrement fixée sur une infinité de questions qu'il n'est plus raisonnable de contester et qu'il doit nous suffire d'énumérer.

Ainsi, tous les corps savants sont aujourd'hui d'un avis unanime pour admettre que notre planète, dans le principe, était à l'état de fluidité incandescente; que, peu à peu, par le rayonnement du calorique, elle s'est refroidie à sa surface, en formant une première croûte sur laquelle ont dû se précipiter les eaux qui, auparavant, formaient autour de cette masse ignée une atmosphère d'autant plus épaisse, qu'avec elles se trouvaient aussi, à l'état de gaz, une infinité d'autres substances minérales, telles que le plomb, le zinc, le soufre, le bitume, etc., etc., qui se volatilisent à l'action du feu.

Il n'est pas difficile de comprendre qu'avant d'arriver à l'épaisseur que nous lui connaissons aujourd'hui, cette première croûte du globe terrestre a dû être exposée à un grand nombre de crevassements occasionnés par le feu intérieur qui tendait à la disloquer. Les premières eaux qui se sont déposées sur cette croûte brûlante étant à un degré de thermalité relative et l'atmosphère chargée de gaz acide carbonique, nul être animé ne pouvait encore exister ; aussi, les corps organiques dont nous retrouvons les traces dans ces terrains primordiaux, se bornent à quelques végétaux des premières familles, qui paraissent être arrivés à des proportions gigantesques.

Au fur et à mesure que la croûte du globe se refroidissait par le rayonnement du calorique, les substances minérales qui, à l'état gazeux, obscurcissaient l'atmosphère, ont dû se condenser et se précipiter sur la terre dans l'ordre de leur pesanteur relative, et venir aider à la formation de ces premières roches plutoniennes et cristallines, où nous les trouvons encore dans nos explorations métallurgiques; c'est par cette loi de pesanteur, qui n'a pas besoin de grands développements pour être comprise, que la généralité des substances métalliques se trouve dans les terrains primordiaux, et qu'il serait inutile de les chercher dans les roches de sédimentation. C'est ainsi que, pour expliquer la salure de l'eau des mers, quelques savants admettent que le *chlorure de sodium* s'étant précipité sur la terre immédiatement avant que les vapeurs aqueuses n'eussent pu se condenser, les premières eaux qui tombèrent sur le globe furent imprégnées de ce principe salin qu'elles ont toujours conservé et d'où on le dégage par évaporation.

Dès l'instant que l'atmosphère, débarrassée des substances minérales qui, à l'état de vapeurs, en obscurcissaient la masse, put donner passage à la lumière du soleil, le principe de vie put se développer sur la terre et dans les eaux. Les premiers êtres organisés, qui se bornaient à des végétaux ou aux premières familles des invertébrés à sang blanc, se modifièrent et se compliquèrent successivement selon les dégradations de la température atmosphérique; aussi, l'étude de leurs débris que nous rencontrons à l'état fossile dans les terrains géologiques, nous présente-t-elle dans les roches carbonifères des plantes, des polypiers, ensuite des brachiopodes, puis des poissons, des reptiles; enfin, dans nos terrains tertiaires, toute la série des mammifères et des bimanes, dont plusieurs espèces vivent encore avec l'homme.

L'étude de l'organisme fossile, qu'on a appelée *Paléontologie*, a fait reconnaître que la terre, depuis son refroidissement jusques à nos jours, avait essuyé six grandes révolutions ou cataclysmes, qui, à chaque époque, en avaient totalement changé ou modifié l'organisme; ce sont ces six grandes époques que l'écriture sainte désigne par les six jours génésiaques, et que nous appelons *terrains* en géologie.

Ce sont, en partant des plus anciens aux plus récents,

les Terrains Carbonifère,
Triasique,
Jurassique,
Crétacé,
Supercrétacé
et Clysmien.

C'est en passant en revue les diverses roches qui caractérisent ces terrains, que je compléterai cette notice, dont la portée ne doit pas dépasser les bornes d'une étude superficielle et de simple actualité.

1re Époque.

TERRAIN CARBONIFÈRE.

Nous ne parlerons pas des granites, syenites, protogines, pegmatites, diorites, porphyres, eurites, et de toutes les autres roches à base de feldspath ou de formation volcanique et plutonienne, dont nous avons décrit la manière d'être au commencement de cette notice; nous dirons seulement en passant que c'est dans ces premières roches que se trouvent l'émeraude, l'aiguemarine, le corindon, la topaze et le grenat; et comme métaux caractéristiques, le fer, l'argent, le cuivre, l'étain et l'or natif.

Pour l'emploi de ces roches comme construction, il est évident que leur grande solidité doit les faire rechercher; et si l'abondance du mica empêche les roches granitiques de prendre un beau poli comme pierres d'ornement, les syenites et les porphyres, au contraire, font le luxe de nos monuments, de nos temples et de nos palais.

C'est de la pegmatite que se retire le kaolin, matière première de la porcelaine; toutes ces roches, du reste, fournissent de très-bons matériaux pour l'entretien des routes.

Quant aux roches neptuniennes du terrain carbonifère, elles consistent en schistes ou gniess passant insensiblement au leptinite et au micachiste; en calcaires blancs lamellaires ou saccaroïdes, cipolin, grès et arkoses, ophicalces, quartzite, amphibolite, phillades, talc ou talchystes. Les substances minérales qu'on y rencontre sont principalement la galène, le fer oligiste, l'aimant, l'épidote, le grenat, les oxides de cuivre et d'étain, le graphyte, l'antracite et la houille.

2me Époque.

TERRAIN TRIASIQUE.

(Grès rouge, Muschelkalc et Keuper.)

Les roches qui caractérisent ce terrain se composent de grès rouge ou pourpré et même jaune quelquefois, associés à des schistes et composés de fragments anguleux ou arrondis de roches préexistantes, cimentés par une pâte argiloferrugineuse rougeâtre. Ces grès quelquefois ont l'aspect d'un pouding ou passent à l'arkose et au psamnite schistoïde.

Les calcaires alpins et les calcaires magnésiens appartiennent à cet étage; en Angleterre, on les emploie souvent à faire de la chaux. Dans le terrain du Trias se trouvent, en plusieurs endroits, des dépôts de sel gemme et de gypse, qui sont l'objet de grandes exploitations. En Russie, on y exploite une houille grasse appelée stipite. — Le calcaire du Muschelkalc fournit de la chaux grasse; les calcaires magnésiens du Keuper, une bonne chaux hydraulique.

3me Époque.

TERRAIN JURASSIQUE.

Ce terrain, dont le type se trouve dans les montagnes du Jura, est divisé en quatre groupes ou formations distinctes, dont la supérieure, caractérisée par des madrepores et des polypiers, a été dénommée coraillienne : c'est le *coral rag* des anglais ; vient ensuite la formation oxfordienne, dont le type est l'argile d'Oxfort, renfermant des nodules de calcaire compacte et ferrugineux. Après viennent les formations oolitiques, caractérisées par la texture de leurs calcaires et quelquefois de leurs marnes. Enfin, le dernier groupe ou formation, dénommé par les anglais lyasique, et qui constitue la base de cette grande division, avait été dénommé par plusieurs auteurs du nom de calcaire à griphées, du grand nombre de conchifères de cette famille dont il est pétri.

Les roches de ce terrain, stratifiées en couches souvent ondulées et arquées, forment des bancs de calcaires alternant avec de légères couches de marnes bleues ou bleuâtres. On y trouve quelquefois des grès ou macignos. Les marnes varient de couleur et empâtent souvent des nodules de calcaire et fréquemment des ovoïdes ferrugineux de fer carbonaté (siderose); quelquefois la formation lyasique renferme du calcaire magnésien contenant de la galène, de la blende, de la barytine et de la fluorine. Les marbres de Carare appartiennent à ce terrain, ainsi que les marbres coquilliers de l'Ardèche et les pierres lithographiques.

Le fer, qui forme la principale richesse minérale du midi de la France, est aussi exploité dans le terrain jurassique. On fait encore, avec les calcaires jurassiques, de la chaux généralement grasse, mais estimée.

4me Époque.

TERRAIN CRÉTACÉ.

Il doit son nom au calcaire blanc et tendre connu sous le nom de craie, qui en occupe la partie supérieure ; nous l'avons également divisé en quatre groupes ou formations, qui ne sont guères caractérisés que par les corps organiques qu'ils renferment et que M. d'Orbigny a baptisés du nom des pays qui en représentent les types, tels que : *néocomien*, de Neufchâtel; *aptien*, d'Apt; *albien*, d'Albium (Angleterre); *turronien*, de Tours, etc., etc.

Les substances minérales qui se trouvent dans le terrain crétacé sont : le sulfure de fer et l'oxide de ce métal, le gypse, la galène, le manganèse oxidé, quelquefois même du mercure natif, le jaspe, la barytine et un lignite qui offre la plus grande ressemblance avec la houille. Quelques-unes de ces roches sont exploitées comme marbre ; l'étage supérieur fournit la pierre à briquets, que l'on obtient des silex qui s'y trouvent en rognons ; la craie blanche est employée à faire le blanc d'Espagne ; on la taille même en crayons ; les calcaires néocomiens donnent de la chaux hydraulique par excellence (le Teil).

5me Époque.

TERRAIN SUPERCRÉTACÉ.

Les substances minérales qu'on trouve dans les terrains de cette époque sont le gypse, les lignites, la glauconie, quelques traces de chaux, de magnésie, d'oxide de fer, du succin et l'argile figuline ; on y rencontre aussi quelquefois du soufre en petites masses concrétionnées, le quartz hyalin en prismes dans les gypses ; le manganèse sous forme de dendrites ; l'oxide de cobaltz et des traces de cuivre et d'arsenic. — Les sylex menilites appartiennent à ce terrain, dont les roches consistent en calcaires molasses à grains plus ou moins fins et grès utilisés dans la bâtisse.

Les calcaires lacustres font une excellente chaux vive ; les marnes et les argiles s'emploient à la fabrication des tuiles.

6ᵐᵉ Époque.

TERRAIN CLYSMIEN.

Les roches de cette dernière époque sont des travertins formés à la mode des stalactites, que nous rencontrons dans toutes les cavernes; quelques-unes, employées comme marbre, sont d'un bel effet pour les ouvrages de luxe. Tous les monuments anciens de Rome en sont construits. Dans ce terrain se trouvent les dépôts limoneux métallifères, gemmifères et auroplatinifères; mais toutes ces substances minérales ne sont là qu'accidentellement et entraînées par les courants diluviens. Les brèches osseuses, les cailloux roulés, les tourbières sont de cette époque, ainsi que tous les dépôts détritiques qui couvrent le globe et forment ce que nous appelons communément la terre végétale.

Un autre mémoire fera l'objet du métamorphisme des roches et de l'application de la paléontologie à leur étude géologique en général.

AUBERY.

LETTRE II.

Orange, février 1853.

Dans ma première, je vous ai promis de vous parler du métamorphisme des roches et de la paléontologie appliquée à l'étude des terrains géologiques.

Pour bien vous faire comprendre ces notions, qui doivent compléter le cours que je me suis proposé de traiter sommairement, il faudrait ébaucher un cours de chimie et vous familiariser avec les affinités, les agrégations, les réactions, etc., etc. ; la physique elle-même devrait être mise à contribution pour vous expliquer la puissance du magnétisme et de l'électricité, qui a joué le plus grand rôle dans la formation des roches primordiales et la disposition de leurs éléments constitutifs. Mais ce serait aborder des difficultés qui ont fait de notre science un épouvantail pour tous ceux qui ont voulu lui demander plus qu'elle ne pouvait promettre, c'est-à-dire la simple connaissance des faits et l'appréciation des causes qui ont pu concourir à la création de tout ce qui existe sur notre globe.

Déjà un géologue distingué de votre département, M. Dalmas de Rozières, vient de faire paraître un mémoire très-intéressant pour expliquer la concordance de la Genèse avec les découvertes de la science moderne ; moi qui n'ai jamais mis en doute cette concordance, parce que je suis bien convaincu qu'il n'y a que les ignorants mal-intentionnés qui peuvent donner aux saintes écritures un sens opposé à l'idée que nous en a donné saint Augustin lui-même, en parlant des jours génésiaques (*De Civitate dei*, *lib.* 20, *cap.* 11), je n'entrerai pas dans tous ces détails ; et pour que l'étude dont j'ai voulu faire pour vous un amusement et une distraction, conserve toujours l'attrait que je vous ai promis au début, je ne vous parlerai que des épigénies et métamorphismes dont vous pourrez vous rendre compte vous-même, ou dont les analogies se représentent journellement en petit dans les fourneaux de nos usines ou dans nos appareils pharmaceutiques.

Prenant donc les divisions de terrains telles que je vous les ai établies dans ma première lettre, et partant des plus anciens, nous trouvons des roches granitiques composées de quartz, de feldspath et de mica, qui, dans certaines contrées, se désagrégent, de manière que le feldspath, privé de sa potasse par l'action atmosphérique, est réduit à l'état de kaolin ou argile à porcelaine.

Dans les exploitations houillères de Decazeville, nous trouvons une série de roches qu'un jeune géologue de la localité a désignées par le nom de *porcelainites*, parce qu'elles sont le résultat de la cuisson des roches feldspathiques au voisinage des galeries embrasées.

Depuis longtemps on a reconnu qu'au contact des roches ignées, les calcaires, les grès et les argiles avaient subi un métamorphisme semblable, et quand nous voyons dans nos usines l'argile figuline, après avoir pris sous les doigts de nos artistes toutes les formes que le caprice a voulu lui donner, durcir au feu des fours à poterie et se métamorphoser en silex pur, il n'est pas difficile de comprendre que la nature entière n'est qu'un vaste creuset où les divers éléments qui constituent la matière subissent journellement de nouveaux métamorphismes, pour obéir à cette grande voix du verbe qui a imprimé à tous les corps planétaires le mouvement sans lequel il n'y a point de vie.

La minéralogie qui, à l'aide d'analyses chimiques, a réduit à leur plus simple expression (molécule atomique) toutes les substances qui se trouvent dans la nature, pour établir les cinquante-quatre éléments ou corps indécomposables du règne inorganique, la minéralogie, disons-nous, classe au premier rang des substances minérales non-seulement une infinité de corps qui ne se trouvent jamais à l'état libre dans la nature, tels que le *silicium*, l'*alluminium*, le *calcium*, etc., mais encore toute la série des substances gazeuses et liquides, comme l'oxygène, l'hydrogène, l'azote, le brome, l'iode, etc., dont la combinaison avec les autres substances minérales forme nos roches, nos pierres dures et nos gemmes. Ainsi, l'oxygène combiné au silicium est ce que nous appelons le quartz; le chlore uni au sodium fait le sel marin; le carbone uni au calcium forme le calcaire ou carbonate de chaux; comme le calcium uni au soufre forme le gypse, etc., etc., et comme toutes les substances minérales ont les unes avec les autres plus ou moins d'affinité, il s'ensuit que dans le cas de fusion et d'incandescence où était le globe au commencement, chacune de ces substances minérales a dû, comme je vous l'ai déjà dit, en prenant sa place selon l'ordre de sa pesanteur relative, entraîner dans son agrégation celles qui avaient le plus d'affinité avec elle.

En observant avec quelque attention la disposition de nos terrains à gypse de Vaqueiras et de toute la Provence, on reconnaît facilement l'épigénie qui leur a donné naissance.

Ainsi, en suivant une brèche jurassique formée de fragments anguleux de calcaire réunis par une pâte plus dure, vous voyez cette brèche se changer en une cargneule ou roche caverneuse, où les fragments calcaires décomposés et dissous par une émanation gazeuse magnésienne et sulfureuse qui les a sans doute traversés, ont disparu pour venir former en dessus les gypses et les sulfates de magnésie qui remplissent la vallée de Montmirail et de Salète.

Plus bas, dans la localité de Beaulieu, aux environs d'Aix, en Provence, on retrouve les traces d'un volcan qui a dû surgir au milieu d'un lac. Les laves scoriacées qu'on trouve aux environs empâtent alternativement du calcaire ou sont empâtées par cette formation, ce qui annonce l'alternance des éruptions laviques. Aux environs de la même localité, se trouvent les dépôts gypseux si renommés par les empreintes qu'ils renferment de poissons d'eau douce et d'insectes dont plusieurs semblent être tombés asphyxiés par l'émanation sulfureuse, leurs ailes encore déployées. La formation de ces gypses a la même origine que ceux de Gicondas.

Je vous ai dit qu'au nombre des roches plutonniennes se rangeaient toutes les roches volcaniques tant anciennes que modernes ; c'est une conséquence bien naturelle de leur mode de formation, et quelle que soit la date de leur apparition sur le globe, cette date ne saurait en changer la nature ; leur influence seulement a varié selon les dépôts qu'elles avaient à traverser ou à recouvrir. Ainsi les premières éruptions volcaniques n'agissant que sur des roches granitoïdes, lesont transformées en schistes micacés et talqueux. C'est l'effet qu'a produit dans les Pyrénées l'apparition des ophites. Dans la même chaîne, aux environs de St-Béat, on voit, au contact de la roche plutonienne, les calcaires coquilliers se changer en marbres saccaroïdes.

Dans les Alpes, les serpentines et les variolites ont changé les calcaires de Lyas en espèce de grauwake et en gypse ou karstenite ; aussi les rencontre-t-on toujours dans des positions anormales, ne se prolongeant pas dans l'intérieur du terrain et finissant toujours pas des calcaires. Aux environs de Vizille, les spilites (variolites du Drac et de la Durance) ont produit dans les calcaires et les grès qu'elles ont traversés des mouchetages qui donnent à ces roches l'aspect de poudings et de dolomies remplies de fer pyriteux rhomboedriques.

La force d'assimilation au contact des roches ignées est telle, que j'ai rencontré aux environs du Puy, au milieu des basaltes prismatiques du volcan de Denise, des argiles que la coulée volcanique avait enveloppées et qui se sont durcies en se modifiant en prismes aglutinés dans la même disposition que les basaltes; j'en possède plusieurs échantillons.

Un métamorphisme que nos fabricants d'eau gazeuse produisent tous les jours, la plupart du temps sans le comprendre, et qui cependant est bien simple, c'est celui du carbonate de chaux métamorphosé en gypse par l'action de l'huile de vitriol (acide sulfurique). Ce dernier étant un composé d'oxigène et de soufre, comme le premier l'est de carbone et de chaux, il est bien naturel que les deux minéraux mis en contact dans le mortier se décomposent simultanément et leurs principes constitutifs, suivant la loi d'affinité qui leur est naturelle, forment deux nouvelles combinaisons binaires : le carbone du calcaire ayant une plus grande affinité avec l'oxigène qu'avec la chaux, s'en débarrasse et vient produire le gaz acide carbonique qui est recueilli dans le récipient; le soufre, resté seul avec la chaux, la convertit en sulfate de chaux ou gypse que la plupart du temps nos chimistes routiniers ne savent pas utiliser.

Voilà bien assez d'exemples de métamorphismes pour vous faire comprendre l'influence que cette puissance exerce sur la formation et la modification des roches ; parlons maintenant du rang que les vestiges paléontologiques leur donnent dans la série des terrains géologiques tels que je vous les ai classés dans ma première lettre.

Cette étude ne pourrait guère se faire qu'au moyen d'échantillons bien déterminés ; mais si je ne puis me faire comprendre assez pour vous familiariser avec les innombrables subdivisions de tous les terrains à la fois, je vais tâcher du moins de vous indiquer les principaux caractères des fossiles qui distinguent les six grandes époques génésiaques.

1re Époque.

TERRAIN CARBONIFÈRE.

Plantes.

Les traces d'organisme qu'on peut rencontrer dans les formations primordiales n'appartiennent guère qu'au règne végétal ; c'est même leur grande abondance qui a produit nos houilles. Dans quelques contrées, comme en Angleterre et aux environs de Boulogne-sur-Mer, ce terrain est caractérisé par des espèces de crustacés qu'on a appelés trilobites.

des coquilles des genres productus et spirifers, des cryptogames vasculaires et même des poissons de la famille des paléoniscus.

Aucune de ces fossiles n'a d'analogues vivants.

2me Époque.

TERRAIN TRIASIQUE.

Polypiers.

Les roches du trias se présentent avec une grande quantité de polypiers, d'encrines (liliiformis) dont les vertèbres se détachent en forme d'étoiles, de coquilles bivalves de la famille des bracchiopodes, terebratules, avicules, plagiostomes, mitvles et des débris de fucoïdes.

3me Époque.

TERRAIN JURASSIQUE.

Ammonites et Belemnites sauriens.

A l'époque jurassique commencent à se montrer les grands sauriens, les pterodaclytes et aussi les ammonites et les belemnites, espèces de fossiles en forme de quilles, qui ne sont que les ossements intérieurs de céphalopodes ou scepia. Dans quelques contrées on trouve, avec les belemnites, la poche à encre qui accompagnait ces animaux et dont on utilise la substance pour ce que nous appelons l'encre de Chine. Je vous ai déjà dit que la formation la plus inférieure du terrain jurassique était caractérisée par une grande quantité de griffées. Ce sont des bivalves convexes d'un côté et concaves de l'autre, qui ont le sommet enroulé. Les roches de ce terrain, souvent pétries d'entroques, rendent au frottement une odeur fétide.

Les ammonites qu'on appelle vulgairement cornes d'Ammon, sont des coquilles enroulées de la famille des nautiles.

4me Époque.

TERRAIN CRÉTACÉ.

Reptiles, Tortues, etc.

L'organisme, à cette époque, a déjà pris un grand développement; on rencontre, dans les terrains de la craie, des mollusques de formes qui n'avaient pas encore paru et des ossements de grands reptiles, *mosasaurus*, *megalosaurus*, inconnus jusqu'alors; on y trouve des tortues, des crocodiles, des requins, des squales; les coquilles, en grande abondance, ont encore leurs analogues vivants dans nos mers actuelles, du moins pour les genres. Dans nos contrées, la craie est caractérisée par des bancs de rudistes (hipurites organisans) qui se montrent à Piolenc et forment les couches les plus supérieures de ce terrain. A Orgon et à Apt, elle est représentée par le calcaire à *Cama ammonia*, fossiles appartenant au même ordre, qui forment la couche la plus inférieure (formation néocomienne).

Dans les Alpes et les Pyrénées, le terrain crétacé est couronné par une formation qu'on a appelée nummalitique, du grand nombre de ces coquilles dont elle est pétrie, et que M. Lemery, de Toulouse, a désignée par le nom d'étage *épicrétacé*.

5me Epoque.

TERRAIN SUPERCRÉTACÉ.

Pachidermes, Mastodontes, Hypariums, etc.

A l'époque supercrétacée paraissent les *mastodontes*, l'*hyparium*, les grands pachidermes *anoploterium*, *paléoterium*, etc., et toute la série des mollusques dont les genres sont encore vivants dans nos mers actuelles.

Dans le midi de la France, les terrains de cette époque sont surtout caractérisés par des coquilles d'eau douce et terrestres, des hélices, des limnées, des planorbes, des poludines, etc.; dans quelques localités, les marnes que nous appelons subapennines, les coquilles marines, conservent encore la couleur de leur test.

6me et dernière Epoque.

TERRAIN CLYSMIEN.

L'Éléphant l'Homme.

L'éléphant, le rhinocéros, l'hippopotame, l'ours, la hyène, et tous les animaux qui vivent encore avec l'homme, se trouvent dans nos cavernes à ossements, dans nos brèches osseuses, dans nos travertins et dans les alluvions volcaniques d'Auvergne; dans ces derniers temps même la découverte, aux environs du Puy, d'une machoire humaine, avait mis en émoi les savants de cette contrée. Cette découverte ne fait que corroborer les présomptions que l'on avait sur le peu de temps qui s'est écoulé depuis l'extinction de ce dernier volcan, dont les scories se présentent avec une fraicheur qui a fait supposer avec raison que l'époque de son ignition pourrait avoir été contemporaine de l'homme.

Cette question, du reste, a besoin d'être un peu mieux étudiée; elle n'est pas encore complètement résolue. Elle ne change rien d'ailleurs à la division géologique de nos terrains fossifères et à la classification que je vous ai donnée.

AUBERY.

www.ingramcontent.com/pod-product-compliance
Ingram Content Group UK Ltd.
Pitfield, Milton Keynes, MK11 3LW, UK
UKHW020218180726
13838UKWH00005B/2069